DOG WEAR
For Beginner

いちばんやさしい 手作りわんこ服

一般社団法人日本ペット服手作り協会®

武田斗環

手作り犬服の世界へようこそ！

この本は今までの私の本とは違う構成をしています。
今までの本では、本の中から作りたいものを選び、
手作りを楽しんでいただくという構成でしたが、
この本は「本当に作れる！」をコンセプトに、
技術と知識の両方で手作り犬服の上達ができることを目指して作っています。
始めから順番に作っていくと、
自然に上達していくという流れにしました。

直線縫いから始める小物2点に加え、
タンクトップ、Tシャツ、ラグランTシャツの基本の形を
それぞれ基本、中級、上級と分けました。

Let's start making dog wear!

まずは直線縫いだけで仕上げられる大きいカフェマットを作り、
次にニットの直線縫いだけど小さいネックウォーマー。
基本のタンクトップで服の形を確認し、縫いやすい生地が選べる力をつける。
タンクトップ中級では、バランス良く仕上げるための、ワッペンなどの選び方を習得……。
というように順を追って何度も練習していき、最終的には
自分のオリジナルのテイストを確立し、
仕上がりの美しい服を作れることを目指します。

この本を活用して新しいステージにいきましょう！

武田斗環

CONTENTS

手作り犬服の世界へようこそ！ …… p.2

前後の生地変えでアレンジ …… p.6（p.37・p.44）
フリルをつけて可愛らしく …… p.7（p.37・p.45）
えりにバンダナでかっこよく！ …… p.8（p.37・p.43）

ワッペンやタグをランダムに …… p.9（p.52・p.58）
袖をカラフルなストレッチ生地に …… p.10（p.52）
寒い季節はボアでぬくぬく …… p.11（p.52・p.58）

アップリケやスタッズをつける …… p.12（p.67・p.73）
デザインテープやコードでイメージ作り …… p.13（p.67・p.74）

カフェマット …… p.14（p.32）
ネックウォーマー …… p.14（p.34）

※（　）内はHow to make

PART 1　犬服作りの基本

BASIC TOOLS　基本の道具 …… p.16
オリジナルのデザインにする便利な材料 …… p.17
犬服作りに適した布地 …… p.19
ミシンについて …… p.20
サイズの測り方と型紙のサイズの選び方 …… p.22
補正の仕方 …… p.24
　着丈の補正／胴まわりの補正／首まわりの補正
作りたい物が決まったら …… p.29
ソーイングの基本用語 …… p.30

PART 2　犬服を作ってみよう

基礎レッスン1　カフェマット …… p.32
基礎レッスン2　ネックウォーマー …… p.34

A　タンクトップ　基本 …… p.36
How to make …… p.38
次はアレンジに挑戦！ …… p.41

A　タンクトップ　中級 …… p.42
バンダナをつける …… p.43

文字の転写・タグをつける …… p.44
レースをつける …… p.45
モデル犬服の使用した型紙と補正のポイント・裁ち方図 …… p.46

A タンクトップ　　上級 …… p.47
切り替えを入れる …… p.48
えりぐり、袖ぐり、裾にレースフリルをつける …… p.49
モデル犬服の使用した型紙と補正のポイント・裁ち方図 …… p.50

B Tシャツ　　基本 …… p.51
How to make …… p.53
次はアレンジに挑戦！ …… p.56

B Tシャツ　　中級 …… p.57
タグやアップリケをつける …… p.58
ポンポンボールをつける …… p.58
キルティングにする …… p.59
モデル犬服の使用した型紙と補正のポイント・裁ち方図 …… p.60

B Tシャツ　　上級 …… p.61
フリルをつける …… p.62
フードをつける …… p.64
モデル犬服の使用した型紙と補正のポイント・裁ち方図 …… p.65

C ラグランTシャツ　　基本 …… p.66
How to make …… p.68
次はアレンジに挑戦！ …… p.71

C ラグランTシャツ　　中級 …… p.72
アップリケやスタッズをつける …… p.73
レースコードをつける …… p.74

C ラグランTシャツ　　上級 …… p.75
撥水生地でレインコートに …… p.76
後ろヨークの切り替え …… p.77
レース地とフリルのお洋服 …… p.78
モデル犬服の使用した型紙と補正のポイント・裁ち方図 …… p.79

TANK TOP

A タンクトップ

前後の生地変えで アレンジ

同じタンクトップでも
前と後ろの生地を変えると印象が変わります。
背中をコーデュロイ、前はニットで
ベストのようにすると重ね着したりもできます。

How to make » p.37・44

フリルをつけて可愛らしく

女の子用にフリルをつけるなら、思いっきりつけた方が映える！
フリルは本体ができ上がった後に手縫いでつけます。
バランスを見てリボンやテープ、ラインストーンなどを
組み合わせて楽しめます。

How to make » p.37・45

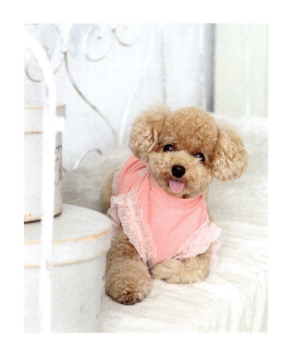

A タンクトップ

えりにバンダナでかっこよく！

バンダナがよく似合うダックスには、
あえてボーダーにチェックの組み合わせ。
バンダナの形によっては、セーラーカラーや
マントタイプなど、いろいろ作れます。
飾りボタンの代わりに、
ワッペンや刺しゅうもおすすめです。

How to make » p.37・43

ワッペンやタグをランダムに

大型犬だから使える太いボーダー。ラガーシャツのイメージです。
ワッペンやタグをたくさん、ランダムに配置しました。
イニシャルのワッペンは、フェルトを重ねた手作り。
小型犬は細めのボーダーがおすすめです。

How to make » p.52・58

T-SHIRT
B Tシャツ

B Tシャツ

袖をカラフルな
ストレッチ生地に

身頃と袖の生地の組み合わせを楽しみましょう。
袖にはストレッチのチェック地を使用しています。
ボアを使ってボリューム感のある袖にしたり、
夏はレース生地の袖にしてもOK。
How to make » p.52

NANIKANA?

WAKU WAKU

寒い季節はボアでぬくぬく

秋冬におすすめのキルティング生地を身頃に使用。
ボアの袖であったかく。
背中に手縫いでポンポンをランダムにつけてアレンジ。
ポンポンの代わりに、ラインストーンや
刺しゅうでも可愛い。

How to make » p.52・58

RAGLAN
C ラグランTシャツ

アップリケやスタッズをつける

背中のアップリケがポイント。
好きな形に切った生地やフェルトを縫いつけるだけで
オリジナルの1着に仕上がります。
直線だから初心者の方でも簡単。

How to make » p.67・73

デザインテープやコードで
イメージ作り

デザインテープを袖口と袖ぐりに縫いつけます。
生地と色のトーンを合わせるとしっくり決まります。
スポーティにしたければ、蛍光のパイピングコードとリボン、
ガーリーにしたければ、フリルやストレッチレースがおすすめ。
使うテープで幅が広がります。

How to make » p.67・74

基礎レッスン1
カフェマット

絵柄にひと工夫ある生地を選んでカフェマットに。
裏はフリース地を使い、
毛布として両面使えます。
表に撥水生地やラミネート生地、
裏に滑り止め加工の生地を使えば、
汚れてもサッと拭けるマットにも。
ガーゼやクール素材で作ると夏でも大活躍！

How to make » p.32

基礎レッスン2
ネックウォーマー

表地にジャガード、裏地にボアであったかく。
タグを手縫いしてアクセントに。
夏は表にクール素材、裏をメッシュ地にして、
保冷剤を挟んで暑さ対策として使ってもOK。
幅や長さはワンちゃんの首まわりに合わせて作れます。

How to make » p.34

犬服作りの基本

材料を用意したり、型紙を作ったり、
犬服作りを始める前に知っておきたい基本を解説します。
とくにご自分のワンちゃんに合った
服にするための補正の仕方は必見です。

BASIC TOOLS
基本の道具

1. **トレーシングペーパー・ハトロン紙** … 型紙を写します
2. **ニット用ミシン糸** … ウーリー糸（下糸用）
3. **メンディングテープ** … 表面がつや消しになっていて、鉛筆で文字が書けるタイプ
4. **セロハンテープ** … 型紙を写す時などに紙を固定します
5. **まち針** … 布のズレを防いだり、仮止めに使います
6. **手縫い針** … 布の厚さや種類に合わせて選びます
7. **毛糸用とじ針** … ロックミシンでできた空環（最後の空縫い糸）を始末するのに便利です
8. **ニット用ミシン針** … #9、#11、#14など、生地の厚さにあったものを選びます
9. **ウエイト（2個以上）** … 生地に型紙を写す時などに、型紙を固定するために使います
10. **アイロン定規** … 布の折り返しを手早く簡単にきれいにすることができます
11. **方眼定規** … 50cmくらいの長さで、カーブに曲げられるものが便利です
12. **テープメジャー** … サイズを測るのに便利です
13. **しつけ糸** … 布同士がずれないように荒く縫ってとめる時に使います
14. **手縫い糸** … 布の厚さや種類に合わせて選びます
15. **ニット用ミシン糸** … レジロン糸（上糸）
16. **ミシン糸** … ニット地以外の生地に使うミシン糸
17. **手芸用クリップ** … 布のズレを防いだり、仮止めに使います
18. **ピンセット** … ミシンで縫う時に生地を引っ張るなど、あると便利
19. **リッパー** … ミシン目をほどく時などに使います
20. **手芸用ボンド** … ワッペンなどを仮接着させる時に使います
21. **粉チャコ** … 2色ほどあれば便利です。ペンタイプが使いやすいです
22. **ペン** … 生地の印つけに使います。水やアイロンの熱で消える物など、種類があります
23. **鉛筆** … 型紙を写す時に使います
24. **ソフトルレット** … チャコペーパーで印をつける時に使います
25. **目打ち** … 角を整えたり、細かい作業に便利です
26. **紙用はさみ** … 型紙を切ります。布用とは別にしてください
27. **糸切りばさみ** … 糸を切るためのはさみ。よく切れるものを
28. **裁ちばさみ** … 布を切るためのはさみ。よく切れるものを

オリジナルのデザインにする便利な材料

基本のデザインにタグやリボンをつけることで、よりオリジナル性のある作品になります。
ごく簡単につけられる市販のものを活用してみましょう。

いろいろなタグやシート、スタッズ

布地やデザインに合わせて、タグやワッペンもプラスしてみましょう。ちょっとした工夫によって、おしゃれ感もアップします。

1.アイロン接着スタッズ　2.タグ　3.アイロン接着アップリケ
4.アイロン転写シートなど

リボンやテープ、レース

リボンやテープを袖口につけただけで、オリジナル性のあるデザインに。えりぐりや裾にリボンを縫いつけると可愛くなります。

1.チェックリボン　2.ポンポンつきコード
3.山道（ジグザグ）テープ　4.リボン各種　5.レース各種

花モチーフやリボンモチーフ

フェミニンなあしらいをするのにぴったりな、花モチーフやリボンモチーフ。

1.毛糸ポンポン　2.くるみボタン　3.花モチーフ
4.リボン各種

刺しゅう糸

アップリケをつけるのに刺しゅう糸が便利。刺しゅうが得意なら犬の名前を刺しゅうしても。6本がよりになっている25番刺しゅう糸がおすすめ。刺したい模様に合わせて、1本どりにしたり、2本どりにしたり。

MATERIALS

フェルト

羊毛、あるいは化学繊維を圧縮してあるフェルトは、端がほつれないので、アップリケに最適。いろいろな色があるので、ベースの生地に合わせて選びます。服には洗濯できるウォッシャブルフェルトがおすすめ。

アイロン転写シート

アイロンで接着させるシート。プリントしたり切り抜いて転写したり工夫次第。無地のものや、メタリックなものなどいろいろあります。夜の散歩には反射シート、冬は毛足の長いフロッキーシートなどがおすすめ。名前を切り抜いたり、好きな形に切って転写することで、デザインの幅が広がります。

アイロン接着を簡単にする道具

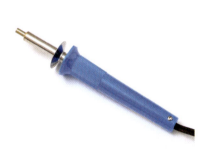

アイロン接着のストーンを接着させるのに、ホットデコペンが便利。熱してストーンの上から押さえます。

犬服作りに適した布地

ワンちゃんに着せたり脱がしたりするには、伸縮性のある生地がよいでしょう。
ニット地が一番おすすめ。そのほか、こんな生地もおすすめです。

1. 天竺ニット
ベーシックな編み方のニット地。Tシャツによく使われる生地。糸の太さを表す番手の、数字の小さいほうが厚手、大きいほうが薄手です。

2. フライスニット
ゴム編みといわれる編み方をしている生地。主にTシャツ、タンクトップなどに使います。伸縮性にすぐれているので、リブに使ってもよいでしょう。

3. リブニット
ゴム編みで凸凹のあるニット地です。伸縮性が高く、首リブや袖リブには最も適しています。しっかり伸びてしっかり戻るのが特徴。トレーナーなどに使います。

4. ボアニット
もこもことした毛糸を思わせる編地の生地。パイル編みのループをカットして毛羽立せているもの。軽くて暖かいので襟や袖におすすめ。

5. 裏毛ニット
裏がタオル地のようなループ状になっています。伸縮性に富み、肌触りもやさしく、厚手のものはトレーナーなどにも使われます。

6. 布帛　ストレッチ入り
布帛は綿などの織物をさします。布帛は伸縮性がないので、犬服には適しませんが、ストレッチ入りのものがおすすめ。袖や後ろ身頃などの部分使いにチャレンジしてみましょう。

7. ジャガードニット
模様が織り込まれたニット。北欧テイストの模様が多く、スキーウェアのようなイメージ。伸び縮みしにくいので家庭でも縫いやすいです。

8. キルティングニット
間に綿を挟んだキルティングのニット地。防寒用、秋・冬の季節の洋服に適しています。伸縮性は低いので縫いやすいです。寒がりのワンちゃんに最適。

9. 撥水（レイン）ニット
水をはじく加工をしてあるニット地です。レインコートやパーカーに利用しましょう。ミシンで縫うと穴があくので、裏にシーリングテープを貼ることで防水ができます。

ミシンについて

着せやすく、動きやすいように、多くの犬服はニット生地を使うニットソーイングがメインです。
ここでは家庭用ミシンを使った縫い方と、ロックミシンを使った縫い方を見ていきましょう。

家庭用ミシン

直線縫いとジグザグ縫い（ふちかがり）の
2種類の機能を使います。

[糸：上下共にニット用糸]
ニット用糸、レジロン糸、ウーリー糸など

[針：生地の厚みに合わせたニット用針]
薄地用：#9…スパッツや下着（レース）などの薄い生地
普通地用：#11…Tシャツやトレーナーなどの生地
中厚地用：#14…フリース、ボアなどの厚みのある生地、または生地が重なって厚みが出る部分

縫う前に試し縫いをしてみてね!!
糸の組み合わせと
生地との相性を見てみよう!!

● 家庭用ミシンでの基本の縫い方

1
直線縫いをします。

2
直線縫いのそばをジグザグミシンをかけます。

3
余分な縫い代を切り落とします。この時に糸を切らないように注意します。

縫っている時に生地が伸びていたら、
テフロン押さえなどすべりのよい押さえ金と
交換してみてね!!

SEWING MACHINE

ロックミシン

ニットソーイングには4本糸、2本針を選んでください。
3本糸、1本針をお持ちの場合は、直線縫いと合わせてふちかがりとして使いましょう。

- 糸：スパン糸4本
- 針：生地の厚みに合わせたニット用針

切れが悪くなったらメスは交換しましょう。

● ロックミシンでの基本の縫い方

1. 布の端をミシンの針板の右端に合わせて縫います。

2. ロックミシンの場合、布の端から左の針まで約0.7cmですが、通常の縫い代は1cmあります。そのため、0.3cmほど切り落としながら縫います。

※まち針がメスにまき込まれないように注意しましょう。始めは押さえ金のかなり手前からまち針をはずしていくと、まき込みを防げます。

3. 一度縫うだけで仕上がります。

POINT

ニット生地は縫っている時にいかに生地を伸ばさないかが重要です。
家庭用ミシン、ロックミシンともに、縫った箇所を確認し、伸びていれば以下のことを確認してみましょう。

◎手の配置（力が入って生地を引っ張ってしまってる場合があります。
　生地を押したり、手前に引っ張ったりしないように注意しましょう）。
◎カーブなどを縫う時は、直線になるように生地を引っ張っていませんか？　カーブはカーブのまま縫います。
◎まち針の本数は足りていますか？　クリップなどが邪魔になって引っ張られていませんか？
◎伸びやすい生地を選んでいませんか？　はじめはあまり伸縮性のない生地を使い、
　縫いなれてから、より伸縮性のある生地に挑戦してみましょう。

サイズの測り方と型紙のサイズの選び方

作りたい型が決まり、使う生地も決まったら、サイズを選びます。
この時に、必要であればサイズを補正します。

ワンちゃんのサイズの測り方

1 ワンちゃんのサイズの測り方

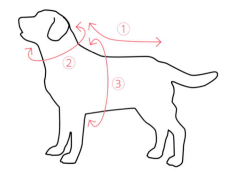

POINT!
- ワンちゃんの機嫌の良い時に測りましょう。
- 立たせた状態で測ると測りやすいです。
- 手持ちでぴったりの服を着せると、首の位置がわかりやすいです。

① **着丈**：首のつけ根（首輪をつける部分の下）〜好みの長さ（しっぽまでの間の好みの長さ）
② **首まわり**：着丈の首のつけ根あたりの首まわりの長さ
③ **胴まわり**：前足のつけ根を通った、胴まわりの一番太い部分の長さ

首まわり、胴まわりはぴったり測り、そのサイズにゆとり分を足して、サイズを選びます。
型紙のサイズは、洋服の仕上がりのサイズになっていますので、愛犬のサイズを測った後、型紙を選ぶ時に、胴まわりを基準に、愛犬のサイズと一番近いサイズで、大きい方のサイズを選びましょう。

2 ゆとり分について

※毛量や使う生地の伸縮性によって、ゆとり分量を変えると、より快適な服になります。人の服でも、ぴったりすぎる服は動きづらく、きゅうくつになるように、ワンちゃんも過ごしやすい生地とサイズを選びましょう。

※胴まわり、首まわりなどをぴったり測ったあと、ワンちゃんが動きやすいようにゆとり分を足します。

■ニット生地で作る場合は（タンクトップ、Tシャツ、トレーナーなど）

- 小型犬で胴まわりに2〜3cm、首まわりに2cmほど
- 中型犬で胴まわりに3〜4cm、首まわりに2〜3cm
- 大型犬で胴まわりに5〜8cm、首まわりに2〜5cm

■布帛で作る場合は（レインコート、シャツ、ベストなど）

- 小型犬で胴まわりに5〜8cm、首まわりに3〜5cm
- 中型犬で胴まわりに8〜12cm、首まわりに4〜6cm
- 大型犬で胴まわりに10〜15cm、首まわりに5〜10cm

※首まわりのゆとり分が少ない理由は、犬服の場合、ワンちゃんには肩がないので、首まわりが大きすぎると洋服が下にずれてくるためです。首まわりはぴったりでも大丈夫なぐらいです。
※布帛は伸びないので、ニットより余分にゆとりを入れる必要があります。

SIZING

犬服型紙のサイズ選びに迷った時は…

サイズ選びに迷った時は、下記を参考にしてください。

サイズ選びの優先順位について

首、胴、着丈、体重と4つ測ってサイズを選んでいきますが、優先順位としては、

胴まわり > 首まわり > 体重 > 着丈

で選びましょう。

さぁ、サイズを選んでみましょう

ワンちゃんのサイズにゆとりを足したサイズを下の表に記入しましょう。

	ぴったりサイズ	ゆとり	合計
着丈			
胴まわり			
首まわり			
体重			
		サイズ	

タンクトップでき上がりサイズ (単位cm)

サイズ	着丈	胴まわり	首まわり	目安体重(kg)
3S	22	31	16	1.5～2
S	28	40	22	～4
M	34	47	26	～6
L	37.5	53	30	～8
3L	51	64	37	～15
5L	72	85	42.5	～35
DS	33.5	40	22	3～4
FB-M	32.5	52	35	～12

補正の仕方

犬服は、多様な犬種に対応できるよう、平均的な形を採用している場合がほとんどです。
同じ犬種でも個体差があり、それも愛犬の特徴。
より愛犬のサイズに近づけるよう、ここでは基本的な補正方法を説明します。

―― 着丈の補正 ――

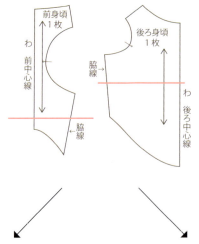

1
型紙を用意し、脇線の真ん中あたりから中心線に向かって線を書きます。

[**長く**する場合]

2
伸ばしたい分、型紙の下部分を下にずらして写します。

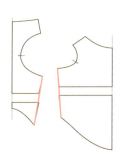

3
脇線をつなぎます。

[**短く**する場合]

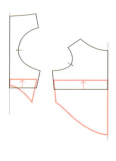

2
短くしたい分、型紙の下部分を上にずらして写します。

3
脇線をつなぎます。

胴まわりの補正

胴まわりを何cm大きく／小さくするか決めたら、脇線で調節します。
この方法は袖ぐりの大きさも変わるので、ワンちゃんにとって補正後の袖ぐりが大きく／小さくなりすぎないか？
フィット感などもあらかじめイメージしながら取り掛かりましょう。

袖つきの場合は袖幅も太く／細くなりますので、袖の大きさもイメージしてみましょう。

[袖つき：胴まわりを大きくする場合]（例：4cm大きくする）

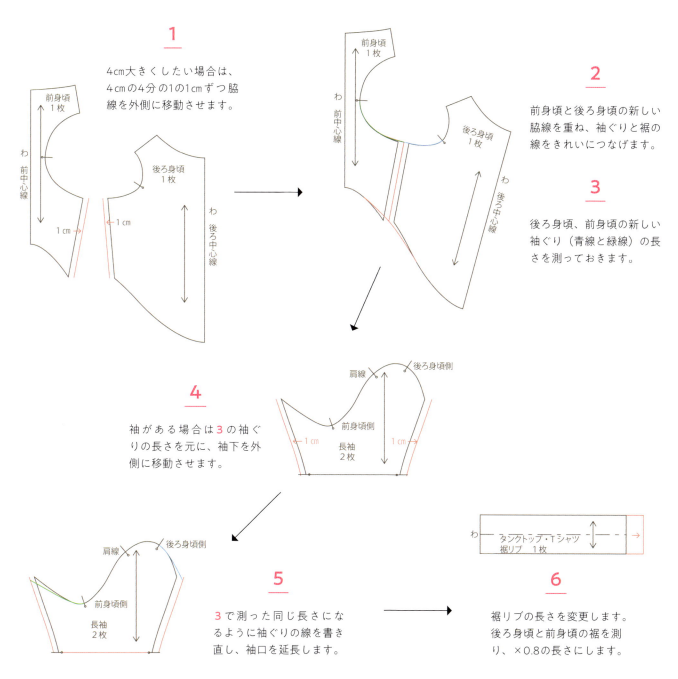

1 4cm大きくしたい場合は、4cmの4分の1の1cmずつ脇線を外側に移動させます。

2 前身頃と後ろ身頃の新しい脇線を重ね、袖ぐりと裾の線をきれいにつなげます。

3 後ろ身頃、前身頃の新しい袖ぐり（青線と緑線）の長さを測っておきます。

4 袖がある場合は3の袖ぐりの長さを元に、袖下を外側に移動させます。

5 3で測った同じ長さになるように袖ぐりの線を書き直し、袖口を延長します。

6 裾リブの長さを変更します。後ろ身頃と前身頃の裾を測り、×0.8の長さにします。

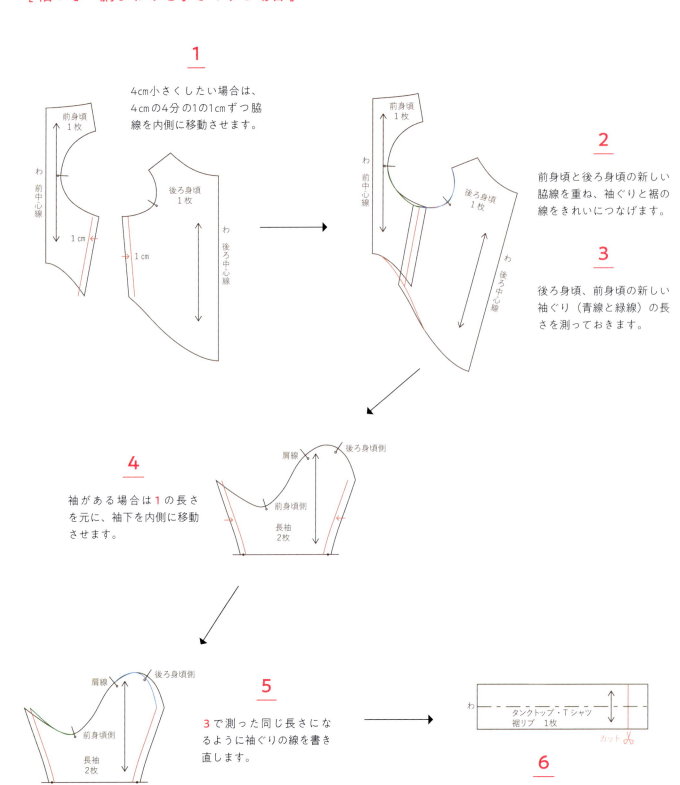

首まわりの補正

数cm程度の補正なら首リブの長さを調節するだけで対応できます。

大きく補正をする場合にこの方法を使います。
袖つきの場合は袖幅も太く／細くなりますので、袖の大きさもイメージしてみましょう。

[袖つき：首まわりを大きくする場合] （例えば4cm大きくする）

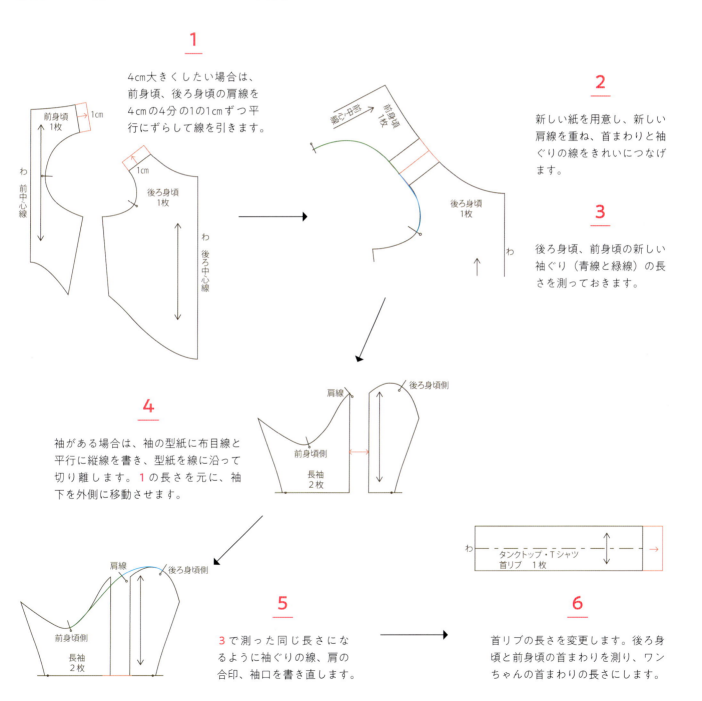

1
4cm大きくしたい場合は、前身頃、後ろ身頃の肩線を4cmの4分の1の1cmずつ平行にずらして線を引きます。

2
新しい紙を用意し、新しい肩線を重ね、首まわりと袖ぐりの線をきれいにつなげます。

3
後ろ身頃、前身頃の新しい袖ぐり（青線と緑線）の長さを測っておきます。

4
袖がある場合は、袖の型紙に布目線と平行に縦線を書き、型紙を線に沿って切り離します。1の長さを元に、袖下を外側に移動させます。

5
3で測った同じ長さになるように袖ぐりの線、肩の合印、袖口を書き直します。

6
首リブの長さを変更します。後ろ身頃と前身頃の首まわりを測り、ワンちゃんの首まわりの長さにします。

RESIZE

[袖つき：首まわりを小さくする場合] （例えば4cm小さくする）

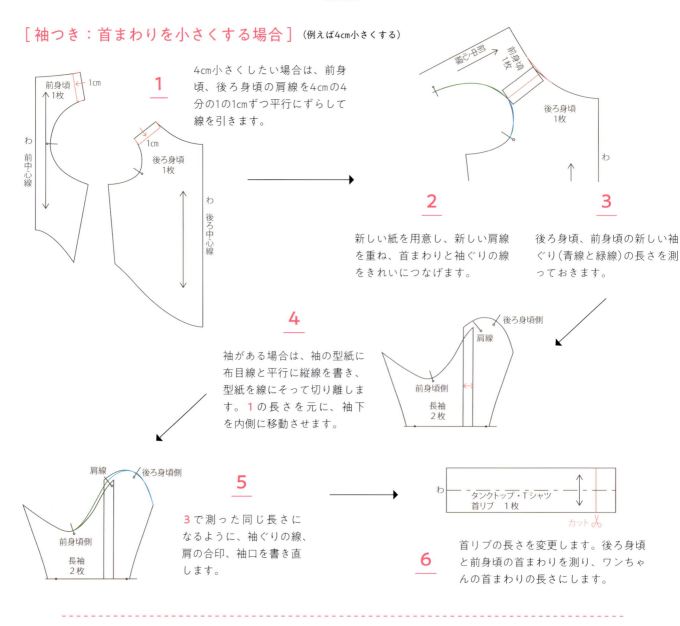

1 4cm小さくしたい場合は、前身頃、後ろ身頃の肩線を4cmの4分の1の1cmずつ平行にずらして線を引きます。

2 新しい紙を用意し、新しい肩線を重ね、首まわりと袖ぐりの線をきれいにつなげます。

3 後ろ身頃、前身頃の新しい袖ぐり（青線と緑線）の長さを測っておきます。

4 袖がある場合は、袖の型紙に布目線と平行に縦線を書き、型紙を線にそって切り離します。1の長さを元に、袖下を内側に移動させます。

5 3で測った同じ長さになるように、袖ぐりの線、肩の合印、袖口を書き直します。

6 首リブの長さを変更します。後ろ身頃と前身頃の首まわりを測り、ワンちゃんの首まわりの長さにします。

[ラグランの首周りの補正] （例えば4cm大さくする）

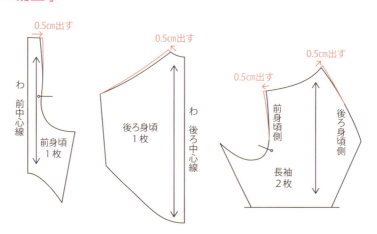

4cmの半分（2cm）を前身頃、後ろ身頃、袖に分散させて（0.5cmずつ）足します。

袖の縫い合わせの長さが同じになるように微調整し、首周りのラインもきれいなカーブになるようにします。
※小さくする場合は減らす。

作りたい物が決まったら

タンクトップか、Tシャツか、あるいはラグランTシャツか。
作りたい物が決まったら、ワンちゃんのサイズに合った型紙を作ります。
型紙ができたら、布にのせて裁断します。

型紙を作る

付録の実物大型紙の中から、作りたい型とサイズを選び、ハトロン紙に写します。裁ち方図を参考に縫い代をつけます。

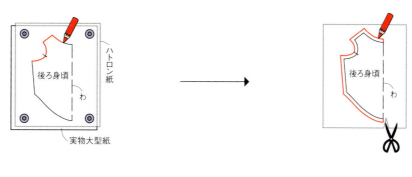

1

実物大型紙の上にハトロン紙（トレーシングペーパーでもよい）をのせ、ウエイトでずれないように固定して鉛筆で写します。「わ」や布目線など型紙の中の印もかき写します。

2

作り方ページにある裁ち方図を参考に、縫い代をつけます。ハトロン紙をはずして縫い代線をはさみで切ります。

布を裁つ

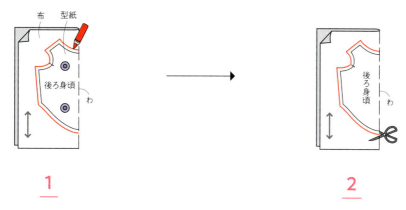

1

裁ち方図を参考に、布目線が真っすぐになるように布を中表にたたみ、上に型紙を置きウエイトで固定します。この時に型紙の「わ」の部分と布の「わ」を合わせます。

2

型紙の周囲を布に写し、型紙をはずしてなるべく布を動かさないように写した線をカットします。

ソーイングの基本用語

作り方解説のページでよく使われる基本的な用語です。
覚えておきましょう。

【 わ 】

布地を二つに折って、できる部分を「わ」といいます。

【 中表と外表 】

布地の表同士を内側にして合わせることを「中表」といい、裏同士を合わせて外側を表にすることを「外表」といいます。

【 二つ折り 】

布を二つに折ること。

【 三つ折り 】

布をでき上がり線で内側に折り、さらに布端を内側に入れて折ります。

【 四つ折り 】

布の端と端を中心に合わせて折り、さらに中心で折ります。

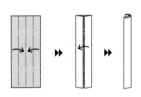

【 返し縫い 】

縫い始めと終わりは、ほつれやすいので、二重に縫って丈夫にします。

【 縫い代を割る 】

縫い代を開いてアイロンをかけます。

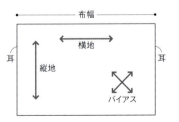

布の名称　　布幅…布の横地の耳から耳まで。
　　　　　　耳…織り糸が折り返している両端。
　　　　　　縦地…耳に平行している布目で、裁ち方図に矢印で示しています。
　　　　　　バイアス…縦地に対して45度の角度で伸びやすい。

※ニットは伸びる方向があるので、縦横どちらによく伸びるのか確認しましょう。伸びない方向と縦地の印を合わせて型紙を配置します。

犬服を作ってみよう

この章では、タンクトップ、Tシャツ、ラグランTシャツの
3つの基本型から作り方を解説します。
基本の作り方がわかったら、次は簡単なアレンジをしてみましょう。

基礎レッスン1…ミシンを使ってみる　カフェマット
Photo » p.14

布を切って用意し、まずはまっすぐ縫ってみましょう。

Let's try!

材料を用意
▼
布を裁つ
▼
STEP1
表地と裏地を縫い合わせる
▼
STEP2
表に返して周囲を縫う

■材料
・47cm×72cm幅の布帛布地…表地用
・47cm×72cm幅の布帛布地…裏地用
※縫い代込み。
・糸…スパン糸　60番（上糸、下糸）

■でき上がりサイズ
縦45cm×横70cm

■裁ち方図

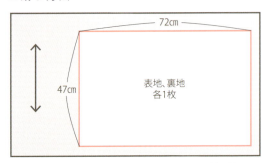

※縫い代込み

✂ HOW TO MAKE

STEP 1. 表地と裏地を縫い合わせる

1

表地と裏地を中表に重ねて、まち針でとめます。

2

返し口を10cmほどあけて、周囲を縫い代1cmで縫います。

※ニットは伸びやすいので、伸びないように、p.20-21を参考に手の配置など工夫してみましょう。

STEP 2. 表に返し周囲を縫う

1

返し口から表に返し、あきの縫い代1cmを裏に折り、アイロンで形を整え、周囲を端から0.5cmで縫います。

基礎レッスン2 … 小物作りにチャレンジ！   ネックウォーマー   Photo » p.14

筒状になるちょっと難しそうな小物にチャレンジ！

キッズ用

犬用

大人用

Let's try!

材料を用意
↓
布を裁つ
↓
STEP1
表地と裏地を縫い合わせる
↓
STEP2
表に返して両端を縫い合わせる

■ 材料

犬用
・10cm×32cm幅のジャガード布地 … 表地用
・12cm×32cm幅のニットボア布地 … 裏地用

キッズ用
・15cm×50cm幅のジャガード布地 … 表地用
・17cm×50cm幅のニットボア布地 … 裏地用

大人用
・20cm×65cm幅のジャガード布地 … 表地用
・22cm×65cm幅のニットボア布地 … 裏地用
※縫い代込みです。
・糸 … レジロン（上糸）、ウーリー糸（下糸）
・タグ … 1枚

■ 裁ち方図

32/50/65cm / 10/15/20cm 表地1枚

32/50/65cm / 12/17/22cm 裏地1枚

※縫い代込み

表地 / 裏地

✂ HOW TO MAKE

STEP 1. 表地と裏地を縫い合わせる

1

表地と裏地を中表で重ね、まち針でとめます。

2

片方の端を、縫い代1cmで縫い合わせます。

3

もう一方の端もそろえて、まち針でとめます。

4

縫い代1cmで縫い合わせる。この時に始めと終わりを5cmほどあけておきます。

STEP 2. 表に返して両端を縫い合わせる

1

表に返して縫い代を割り、縫ったところを真ん中にしてたたみ、両端を中表に合わせてまち針でとめます。

2

縫い代1cmで縫い合わせます。

3

あきの部分は手縫いで縫いとじます。

4

完成。お好みでタグなどを縫いつけます。

TANK TOP

Basic
- 基本 -

hello!

bow wow!!

いよいよ服作りにチャレンジ！
まずは基本のタンクトップから始めましょう。
首、腕、裾にはリブを縫いつける形なので、
リブの布選びにこだわって。
生地が変われば仕上がりも変わります。
いろんな生地の組み合わせで、
たくさん作ってみてください。
生地のメモをノートに残していくと
後々財産になりますよ。

How to make » p.37

A タンクトップ 基本

■ 材料

- ニット生地A（天竺ニット、フライスニットなど）…前身頃、後ろ身頃用
- ニット生地B（リブニットまたはスパンフライスニットまたは身頃と共布）…首リブ、腕リブ、裾リブ用
- 糸…レジロン（ニット用糸）：上糸、ウーリー糸：下糸
  ※ロックミシン使用の場合は、ロック用スパン糸を4個使用しましょう。

■ 下準備

1. 型紙を写し、裁ち方図を参考に縫い代（指定以外1cm）をつけます。
2. 必要用尺を計算し、生地を購入します。
3. 型紙を配置し、ゆっくり生地を裁断します。

■ 裁ち方図　基本

Data/コーギー
（Photo：p.36）

オス　6歳5か月
胴まわり…67cm
首まわり…45cm
着丈…52cm
体重…17.5kg
型紙…3L

補正のポイント
なし

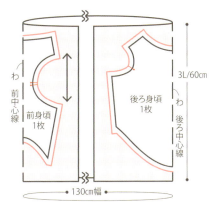

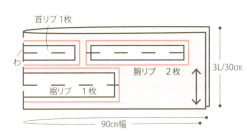

■ でき上がりサイズ

生地用尺（単位cm）

サイズ	着丈(A)	胴まわり(B)	首まわり(C)	目安体重(kg)	ニット地A	ニット地B
3S	22	31	16	1.5〜2	30×130	15×90
S	28	40	22	〜4	35×130	20×90
M	34	47	26	〜6	40×130	20×90
L	37.5	53	30	〜8	45×130	20×90
3L	51	64	37	〜15	60×130	30×90
5L	72	85	42.5	〜35	80×130	40×130
DS	33.5	40	22	3〜4	45×130	20×90
FB	32.5	52	35	〜12	50×130	20×90

※注意　必要用尺は図のように「用尺×布幅（130／90）」にて記載しています。生地によっては幅が違うので、あらかじめ生地に余裕をもって用意しましょう。

✂ HOW TO MAKE

STEP 1. 脇を縫い合わせる

1

前身頃と後ろ身頃の脇を中表で重ね、まち針でとめます。

2

1cmの縫い代でロックミシンで縫い合わせます。

※2本針ロックの場合は、0.3cm切り落としながら縫います。
※1本針ロックの場合は、切り落とさずにロックをかけて、1cmのところに本縫いステッチをかけます。

3

反対の脇も同様にします。縫い代を前身頃側に倒します。

STEP 2. 肩を縫い合わせる

1

前身頃と後ろ身頃の肩を中表で重ね、まち針でとめます。

2

1cmの縫い代でロックミシンで縫い合わせます。
縫い代を前身頃側に倒します。

STEP 3. リブを作り縫いつける

1

首リブ、腕リブ、裾リブを図のように中表で「わ」になるように折り、端から1cmのところを縫い合わせ、縫い代を割って外表に二つに折ります。

2

首リブ、腕リブ、裾リブとも同様にします。

3

首リブの縫い合わせ線を、身頃のどちらか一方の肩線に合わせ、均等にまち針でとめます。

4

1cmの縫い代でロックミシンで縫います。

5

腕リブは縫い合わせ線を身頃の脇に合わせ、裾リブは縫い合わせ線を前中心に合わせ、首リブと同様に縫い代1cmでロックミシンで縫い合わせます。

6

表に返して、でき上がり。

\ **FINISH!** /

BACK
背面

SIDE
側面

VARIATION

MINT × YELLOW
STRIPE × BLUE
FLOWER × YELLOW

配色のバリエーション

リブのカラーを変えてコーディネート。ストライプの色と同じにしたり、模様から色を拾うのもよいでしょう。

A タンクトップ の基本をマスターしたら
次はアレンジに挑戦！

Intermediate
- 中級 -

上から縫いつける、貼りつける、挟み込むなどなど、ワンランク上の中級レベル。
同じ型紙でもこんなに個性的な服が作れます。

［アレンジ1］

［アレンジ2］

［アレンジ3］

Advanced
- 上級 -

さらに手作りの幅を広げたい上級者さんには、追加の型紙を使ってバリエーションを増やしては？
切り替え、フリルの縫いつけ、フードをつける、生地の組み合わせ次第で、
何通りにも挑戦できます。

［アレンジ4］

［アレンジ5］

［アレンジ6］

A タンクトップ　アレンジ1 バンダナをつける

Photo » p.8・p.42

BACK　　SIDE

えりぐりにスカーフを挟み込む

1　スカーフの布の2辺にあらかじめ2本のステッチをかけておきます。

2　糸を抜いてフリンジにします。

3　後ろ身頃にのせてみて、スカーフの位置を決めます。

4　3を裏にしてえりぐりの印を書きます。

5　えりぐりの印が描けたところです。線にそってスカーフ布をカットします。

6　後ろ身頃の表側にのせ、前身頃と中表に重ね、肩をまち針でとめます。肩を先に縫い合わせ、タンクトップの続きを縫います。

7　完成したら、スカーフにボタンの飾りを手縫いでつけます。

A タンクトップ　アレンジ2　文字の転写・タグをつける

Photo » p.6

BACK

SIDE

STEP 1. アイロン転写シートで文字を転写

1. アイロン台の上に布を置き、転写シートを接着面を下にして中温でアイロンをかけます。

2. 熱が冷めたら、端からそっとはがします。

3. 文字が転写されました。

STEP 2. タグをつける

4. 前身頃にタグを中表に合わせて、端から0.5cmのところを仮縫いします。

5. 後ろ身頃を中表に重ねて、まち針でとめます。※タグの文字などが上下逆、左右反転していないか確認しましょう。

6. 縫い代1cmでロックミシンで縫います。

7. タグが挟み込まれました。タンクトップの続きを縫って完成。

中級 A タンクトップ アレンジ3 レースをつける

Photo » p.7

BACK

SIDE

レースの縫いつけ方

1

タンクトップが完成した後にレースを手縫いで縫います。まず、中央につけるレースを用意します。

2

好みの長さになるように、レースの両端を折り、まち針でとめます。

3

手縫いで縫いつけます。

4

同様に、両サイドに1枚ずつレースを縫いつけます。袖リブ、裾リブの上にも同様にレースを縫いつけます。

[アレンジ1]

Data/ミニチュア・ダックスフンド
(Photo：p.8・42)

オス　2歳11か月
胴まわり…47cm
首まわり…30cm
着丈…44cm
体重…7.4kg
型紙…DS

補正のポイント
・後ろ身頃、前身頃の胴まわりを9cm大きく（40cm→49cm）
・後ろ身頃の着丈を7.5cm長く（24cm→31.5cm）
・前身頃の着丈を2.5cm長く（25.5cm→28cm）
・首リブを4cm長く（22cm→26cm）

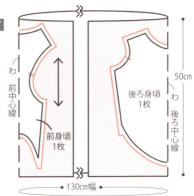

↓ニット生地A…天竺ニット

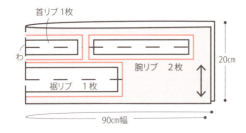

↓ニット生地B…スパンフライスニット

えり…コットン地　適宜

[アレンジ2]

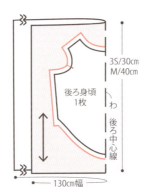

Data/チワワ
(Photo：p.6)

オス　2歳9か月
胴まわり…30cm
首まわり…18cm
着丈…24cm
体重…2.1kg
型紙…3S

補正のポイント
・首リブを2cm長く（16cm→18cm）

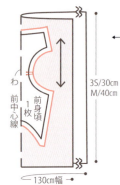

Data/ミニチュア・シュナウザー
(Photo：p.6)

メス　4歳10か月
胴まわり…45cm
首まわり…23cm
着丈…26cm
体重…5.8kg
型紙…M

補正のポイント
・後ろ身頃の着丈を8cm短く（29cm→21cm）
・首リブを3cm短く（26cm→23cm）

←ニット生地A
…フライスニット（後ろ身頃）、天竺ニット（前身頃）

↓ニット生地B…フライスニット

[アレンジ3]

Data/トイプードル
(Photo：p.7)

オス　3歳5か月
胴まわり…40cm
首まわり…25cm
着丈…33cm
体重…4.4kg
型紙…S

補正のポイント
なし

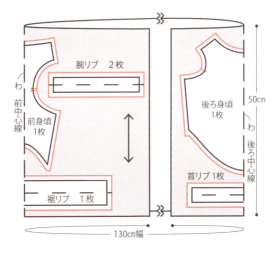

←ニット生地A
…2Wayワッフルニット

TANK TOP
Advanced
- 上級 -

中級で満足のいくデザインが
作れるようになったら、
次は型紙を追加して、さらにオリジナルの
デザインの服を作りましょう。
切り替えやフリルは、つける場所によって
イメージが変わります。
上級レベルでは、作る前にデザイン画を
描くことにも挑戦してみましょう。
デザイン画を描くことで、より豊かな
デザインを発想できるようになります。

How to make » p.48

A タンクトップ アレンジ4 切り替えを入れる

Photo » p.47

BACK　SIDE

切り替えの入れ方

1
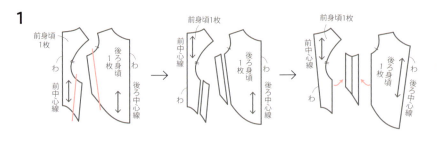

型紙の前身頃、後ろ身頃から切り替え布を切り取り、脇線を合わせて切り替え布の型紙を作ります。

2

切り替え布2枚、後ろ身頃、前身頃を裁断します。

3

後ろ身頃と切り替え布を中表に合わせて、まち針でとめます。

4

縫い代1cmでロックミシンで縫い合わせます。

5

もう一枚の切り替え布を縫い合わせた後、前身頃とも中表で縫い合わせます。

6

前身頃のもう一方の脇を、切り替え布と中表で縫い合わせます。

7

Aタンクトップの基本を参照して首、腕、裾のリブをつけます（p.39参照）。

8

最後に飾りのアイロン接着のスタッズを好みの位置に貼りつけます。

上級

A タンクトップ　アレンジ5

えりぐり、袖ぐり、裾にレースフリルをつける

BACK　　SIDE

STEP 1. フリルにギャザーを寄せる

すべてのフリルにギャザーを寄せます。p.62「1 フリルを作る」の1～4をしておきます。

STEP 2. 裾にフリルをつける

タンクトップ「基本」の作り方STEP2の後、裾にフリルを縫い代1cmで縫い合わせ、縫い代を身頃側に倒し、表から0.5cmのところにステッチをかけます。

STEP 3. えりぐりにフリルをつける

※後ろ中心ではえりのフリルが「わ」になるよう手縫いであらかじめ縫いとめておきます。
えりぐりの裏側にレースの表を重ねて、縫い代1cmで縫い合わせ、レースを表に返して端から0.2cmのところに表からステッチをします。

STEP 4. 袖ぐりにフリルをつける

1

袖ぐりは、身頃の袖ぐりの好みの位置にフリルを中表でまち針でとめ、縫い代1cmで縫い合わせます。

2

レースを表に返して縫い代を折り、端から0.2cmのステッチをします。

[アレンジ4]

※ミニチュア・ダックスフンドのDataと補正したポイントはp.46参照。

サイド切り替えの作り方

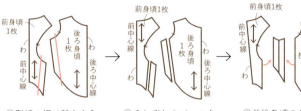

①型紙の切り替えを入れたい部分に線を引きます。
②それぞれのパーツを紙に写します。
③前後身頃のサイドパーツを合わせ、一つのパーツにします。

↓ニット生地A…コーデュロイニット

↓サイド布…フライスニット

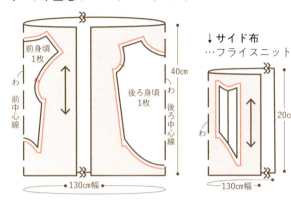

↓ニット生地B…スパンフライスニット

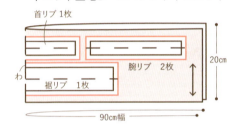

[アレンジ5]

←ニット生地A…天竺ニット

↓ニット生地B…ニットレース
※フリル袖用は2/3の長さを使う。

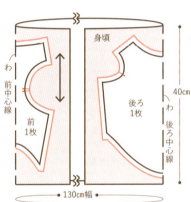

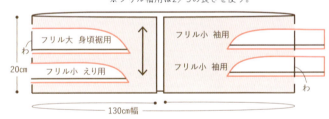

※Sサイズでの用尺です。他のサイズについては、p.37のでき上がりサイズ表の用尺を参考にしてください。

[アレンジ6]

↓ニット生地A…天竺ニット

←フード表地…ポップコーンニット（ウールニット）

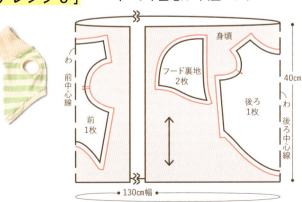

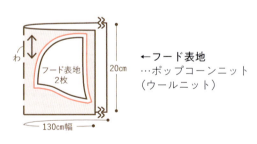

↓ニット生地B…フライスニット

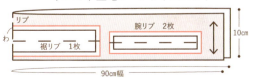

※Sサイズでの用尺です。他のサイズについては、p.37のでき上がりサイズ表の用尺を参考にしてください。

T-SHIRT

Basic
- 基本 -

タンクトップで、リブが均等にきれいにつけられるようになったら、
次は袖にチャレンジしてみましょう！
ぜひこの機会に左右の袖を見分けられるように。
袖口は伸びないように注意！
袖は袖下と身頃の脇線がぴったりとクロスに合うことを目指して！

How to make » p.52

B Tシャツ　基本

■材料
・ニット生地A（天竺ニット、フライスニットなど）…前身頃、後ろ身頃、袖用
・ニット生地B（リブニットまたはスパンフライスニットまたは身頃と共布）…首リブ、裾リブ用
・糸…レジロン（ニット用糸）：上糸、ウーリー糸：下糸
　※ロックミシン使用の場合は、ロック用スパン糸を4個使用しましょう。

■下準備
1. 型紙を写します。裁ち方図を参考に縫い代（指定以外1cm）をつけます。
2. 必要用尺を計算し、生地を購入します。
3. 型紙を配置し、ゆっくり生地を裁断します。

■裁ち方図　基本

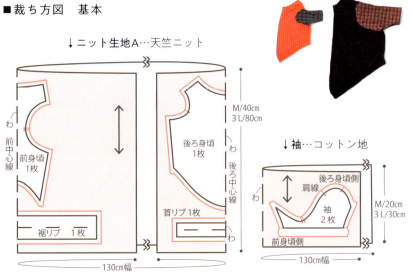

Data/トイ・プードル
（Photo：p.10）
オス　3歳5か月
胴まわり…40cm
首まわり…25cm
着丈…33cm
体重…4.4kg
型紙…M
補正のポイント　なし

Data/スタンダード・プードル
（Photo：p.10）
オス　9歳
胴まわり…68cm
首まわり…39cm
着丈…45cm
体重…21kg
型紙…3L
補正のポイント
3Lの型紙を109%拡大

■でき上がりサイズ

生地用尺（単位cm）

サイズ	着丈(A)	胴まわり(B)	首まわり(C)	目安体重(kg)	ニット地A	ニット地B
3S	22	31	16	1.5〜2	30×130	15×90
S	28	40	22	〜4	40×130	20×90
M	34	47	26	〜6	40×130	20×90
L	37.5	53	30	〜8	45×130	20×90
3L	51	64	37	〜15	90×130	30×90
5L	72	85	42.5	〜35	90×130	40×130
DS	33.5	40	22	3〜4	45×130	15×90
FB	32.5	52	35	〜12	50×130	20×90

※注意　必要用尺は図のように「用尺×布幅（130／90）」にて記載しています。生地によっては幅が違うので、あらかじめ生地に余裕をもって用意しましょう。

✂ HOW TO MAKE

STEP 1. 袖を作る

1

袖口を合印で折り（縫い代2cm幅）、さらに半分に折り、三つ折りします。

2

袖口の端から0.8cmほどのところを直線縫いで縫います。

3

中表に「わ」に折り、まち針でとめます。

4

縫い代1cmでロックミシンで縫います。
※端の糸（空環）は切り落とさず、毛糸用のとじ針に通します。

5

端糸をとじ針で縫い糸にくぐらせてから切ります。

6

袖を表に返します。

STEP 2. 袖を身頃に縫いつける

1

タンクトップのSTEP1、2と同様に前身頃と後ろ身頃を中表で脇と肩を縫い合わせておきます（p.38参照）。

2

左右の袖を間違えないように、注意しながら、袖と身頃を合印で合わせ、中表で重ねてまち針でとめます。

3

袖ぐりを1cmの縫い代でロックミシンで縫い合わせます。

STEP 3. リブを作り縫いつける

1
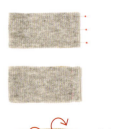

外表に二つに折る

首リブ、裾リブを図のように中表で「わ」になるように折り、端から1cmのところを縫い合わせ、縫い代を割って、外表に二つに折ります。

2

首リブの縫い合わせ線を、身頃のどちらか一方の肩線に合わせ、均等にまち針でとめます。

3

1cmの縫い代でロックミシンで縫います。

4

裾リブは、縫い合わせ線を前中心に合わせ、首リブと同様に縫い代1cmでロックミシンで縫い合わせます。

5

表に返します。

FINISH!

BACK 背面

SIDE 側面

VARIATION

PATTERN OF TREES

MERANGE × CHECK

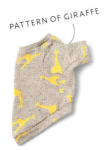
PATTERN OF GIRAFFE

配色のバリエーション

前身頃だけ無地にしたり、袖だけチェックにするなど、配色を楽しみましょう。半袖にしたり、長袖にしたり、季節に合わせてアレンジしてみて！

B Tシャツ の基本をマスターしたら
次はアレンジに挑戦！

Intermediate
- 中級 -

タンクトップ同様、Tシャツにもタグやワッペンでアレンジ。テイストを合わせるのがポイントです。
さらに袖やリブのパーツを、ボアなど難易度の高い生地で挑戦してみましょう。

［アレンジ1］　　　　［アレンジ2］　　　　［アレンジ3］

Advanced
- 上級 -

さらに手作りの幅を広げたい上級者さんには、型紙に切り替えを入れてアレンジ。
フリルをプラス、フードをプラスするなど、上級テクニックをマスターしましょう。

［アレンジ4］　　　　［アレンジ5］　　　　［アレンジ6］

タンクトップ同様、Tシャツにもタグやワッペンでアレンジをしてみましょう。
乱雑にならないポイントは、テイストをまとめることです。
素材、色のテイストをあらかじめ決めて、集めたものから厳選して使います。
袖やリブのパーツを、ボアなど難易度の高い生地で挑戦してみましょう。
タンクトップで掲載しているアレンジ法ももちろん使えます。

How to make » p.58

T-SHIRT

Intermediate
- 中級 -

中級
B Tシャツ アレンジ1 **タグやアップリケをつける**
Photo » p.9・p.57

BACK　SIDE

1
好みのタグやアップリケを配置します。テープでとめておくとよいでしょう。

2
アイロン接着のものは当て布を上にのせて、アイロンをかけて接着させます。ある程度接着されたら、裏からもアイロンでしっかりと押さえましょう。

3
タグは四隅を手縫いで縫いつけます。

中級
B Tシャツ アレンジ2 **ポンポンボールをつける**
Photo » p.11

BACK　SIDE

1
でき上がった服にポンポンボールを配置して場所を決め、手縫い糸と手縫い針でポンポンボールを縫いつけます。

B Tシャツ アレンジ3 # キルティングにする

BACK

SIDE

キルティングの仕方

1

身頃にする布の間にキルト芯を挟んでまち針でとめます。

2

型紙を写したトレーシングペーパーに、好みのキルティングラインを描きます。

3

1に2をのせ、まち針でとめます。

4
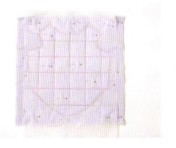
キルティングラインを、大きめのステッチ幅のミシンをかけます。縫い代部分は、縫い代の真ん中をかけます。

5

縫い代線でカットします。

6

カットし終わったところです。

7

トレーシングペーパーをはがします。

8

トレーシングペーパーをはがし終わりました。あとはTシャツの作り方と同様です（p.53参照）。

[アレンジ1]

Data/ゴールデン・レトリーバー
（Photo：p.9、57）

メス　9歳1か月
胴まわり…80cm
首まわり…46cm
着丈…72cm
体重…33kg
型紙…5L

補正のポイント
5Lサイズの型紙を胴まわり、首まわりを2cm大きくし、首リブを2cm大きくして使用。

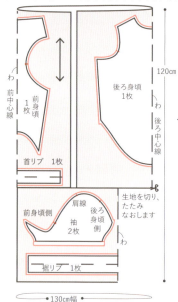

[アレンジ2]

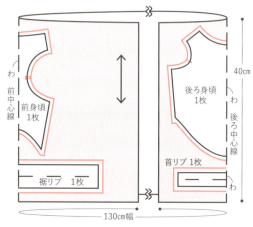

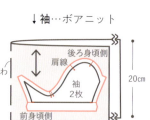

Data/ミニチュア・シュナウザー
（Photo：p.11）

メス　4歳10か月
胴まわり…45cm
首まわり…23cm
着丈…26cm
体重…5.8kg
型紙…S

補正のポイント　なし

※Sサイズでの用尺です。他のサイズについては、p.52のでき上がりサイズ表の用尺を参考にしてください。

[アレンジ3]

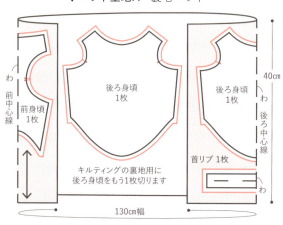

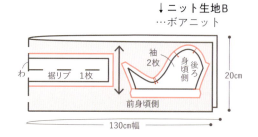

※Sサイズでの用尺です。他のサイズについては、p.52のでき上がりサイズ表の用尺を参考にしてください。

\ soooo cute! /

T-SHIRT

Advanced
- 上級 -

\ What's going on? /

次はさらなるオリジナリティを目指して型紙を追加しましょう。
どのような生地を選ぶと、縫い合わせやすいか、
生地の収まりがよいかなど、考えながら縫うと、
生地選びの力がつきます。
この生地は厚みが出るので針は何番を使う、
伸びる生地なので気をつける、など
あらかじめ想像できるようになることを、
上級レベルでは目指しましょう。

How to make » p.62

 **B Tシャツ** アレンジ5 **フリルをつける**
Photo » p.61

 BACK  SIDE

STEP 1. フリルを作る
※袖のフリルはフリル小を2／3の長さで裁断する。

1

フリルの端を三つ折りにします。
※裾用2枚、ヨーク用、袖山用2枚とも同様にします。

2  0.5cm

表からステッチします。

3  ZOOM!

フリルのもう一方の端に、粗い目でギャザー寄せミシンを2本かけます。

4

糸を引いてギャザーを寄せます。この時、縫いつけるところに合わせて長さを決めます。

STEP 2. 後ろヨークにフリルをつける

1

後ろ身頃と後ろヨークの間に挟み、中表に合わせてまち針でとめます。

2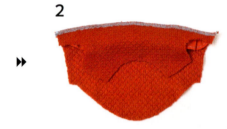

縫い代1cmでロックミシンで縫い合わせます。

3

縫い代は後ろヨーク側に倒し、アイロンで形を整えます。

STEP 3. 袖山にフリルをつける

1

後ろ身頃と前身頃の脇と肩を縫い合わせておきます。

2

袖ぐりの好みの位置にフリルを中表に仮縫いしておきます。

3

両袖にフリルをつけておきます。
※左右の袖を間違えないように注意しましょう。

4

袖と身頃を中表に合わせて、まち針でとめます。

5

縫い代1cmでロックミシンで縫い合わせます。一周ぐるりと縫い、袖をつけます。

STEP 4. 裾にフリルをつける

1

ギャザー寄せの粗ミシンを2本かけた裾用フリルを、後ろ身頃の裾に合わせてギャザーを寄せておきます。

2
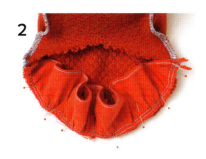

後ろ身頃の裾にフリルを中表に合わせてまち針でとめます。

3

縫い代1cmでロックミシンで縫い合わせます。

4

縫い代は身頃側に倒し、前身頃の縫い代を折り、まち針でとめます。

5

端から0.5cmのところをステッチをかけます。

B Tシャツ アレンジ6 **フードをつける**

BACK

SIDE

STEP 1. フードの表布と裏布を合わせる

1

フードの表布と裏布を用意します。

2

表布、裏布それぞれ、中表に合わせ、後頭部部分をまち針でとめます。

3

それぞれ縫い代1cmで縫い合わせます。

4

表布、裏布それぞれ縫い代を割り、中表に合わせてまち針でとめます。

5

フードの顔部分を縫い代1cmで縫い合わせます。

6

表に返してアイロンで整え、端から0.5cmのところをステッチします。

STEP 2. えり元を重ねる

1

フードのえり元部分を0.5cmほど重ねて端から1cmのところをミシンをかけます。

2
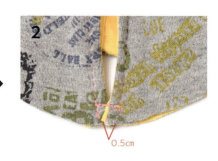
※拡大。0.5cm重ねておくと、縫い代1cmのところできれいなV字になります。

タンクトップのフードも要領は同じ

タンクトップの場合も、フードをつける場合は、要領は同じです。フードの先にポンポンをつけても可愛いです。※p.76のレインコートもフードのつけ方は同じです。

[アレンジ4]

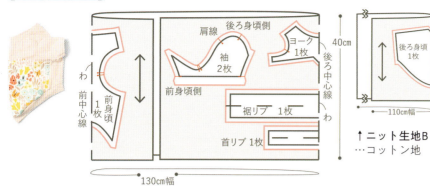
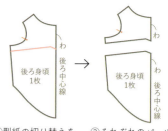

↓ニット生地A…天竺ニット

↑ニット生地B…コットン地

後ろヨーク切り替えの作り方

①型紙の切り替えを入れたい部分に線を引きます。
②それぞれのパーツを紙に写します。

[アレンジ5]

Data/ポメラニアン
(Photo：p.61)
オス　1歳7ヵ月
胴まわり…32cm
首まわり…20cm
着丈…28cm
体重…2.3kg
型紙…S

補正のポイント
なし

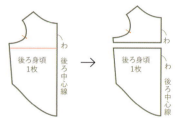

後ろヨーク切り替えの作り方

①型紙の切り替えを入れたい部分に線を引きます。
②それぞれのパーツを紙に写します。

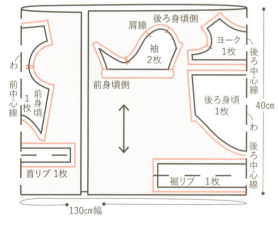

↓ニット生地A…ポップコーンニット

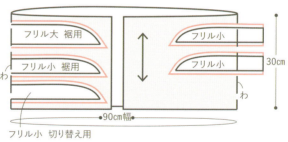

↓フリル…コットンシーチング
※袖のフリルは2/3長さで使います。

[アレンジ6]

↓ニット生地A…天竺ニット

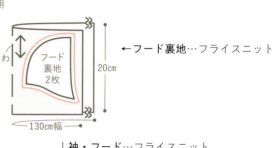

←フード裏地…フライスニット

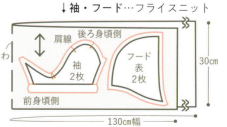

↓袖・フード…フライスニット

※Sサイズでの用尺です。他のサイズについては、
p.52のでき上がりサイズ表の用尺を参考にしてください。

RAGLAN
Basic
- 基本 -

タンクトップ、Tシャツの次は、
ラグラン袖のTシャツにチャレンジしましょう！
袖の形が違うので注意が必要です。
左右の袖を見分けられるようになりましょう。
袖下と身頃の脇線がぴったりとクロスに合うことを目指して！
裾では三つ折りに挑戦してみましょう。
生地がよれずにアイロンをかけられるように練習が必要です。

How to make » p.67

C ラグランTシャツ 基本

■材料
- ニット生地A（天竺ニット、フライスニットなど）
  …前身頃、後ろ身頃、袖用
- ニット生地B（リブニットまたはスパンフライスニット
  または身頃と共布）…首リブ用
- 糸…レジロン（ニット用糸）：上糸、ウーリー糸：下糸
  ※ロックミシン使用の場合は、ロック用スパン糸を
  4個使用しましょう。

■下準備
1. 型紙を写し、裁ち方図を参考に縫い代（指定以外1cm）をつけます。
2. 必要用尺を計算し、生地を購入します。
3. 型紙を配置し、ゆっくり生地を裁断します。

■裁ち方図　基本

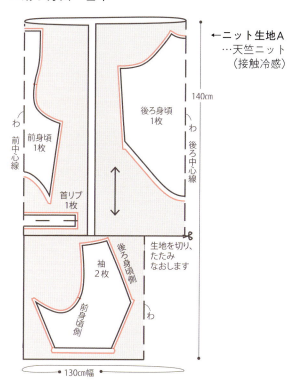

Data/ゴールデン・レトリーバー
（Photo：p.66）
メス　9歳1か月
胴まわり…80cm
首まわり…46cm
着丈…72cm
体重…33kg
型紙…5L

補正のポイント
5Lサイズの型紙を胴まわり、首まわりを2cm大きくし、首リブを2cm大きくして使用。

■でき上がりサイズ

生地用尺（単位cm）

サイズ	着丈（A）	胴まわり（B）	首まわり（C）	目安体重（kg）	ニット地A
3S	19	31	16	1.5～2	30×130
S	25	40	22	～4	40×130
M	30	47	26	～6	45×130
L	33.5	53	30	～8	50×130
3L	46	64	37	～15	100×130
5L	66	85	42.5	～35	140×130
DS	31	40	22	3～4	50×130
FB	31	52	35	～12	50×130

※注意　必要用尺は図のように「用尺×布幅（130／90）」にて記載しています。生地によっては幅が違うので、あらかじめ生地に余裕をもって用意しましょう。

✂ HOW TO MAKE

STEP 1. 袖を作る

1

袖口を合印で折り（縫い代2cm幅）、さらに半分に折り、三つ折りにします。

2

0.8cm

袖口の端から0.8cmほどのところを直線縫いで縫います。

3

袖を中表に「わ」に折り、まち針でとめます。

4

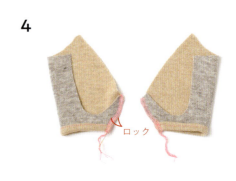

ロック

縫い代1cmでロックミシンで縫います。

※端の糸（空環）は切り落とさず、毛糸用のとじ針で始末します。（p.53参照）

5

袖を表に返します。

STEP 2. 脇を縫い合わせる

1
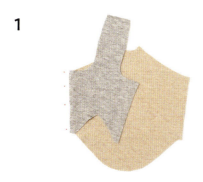

前身頃と後ろ身頃の脇を中表で重ね、まち針でとめます。

2
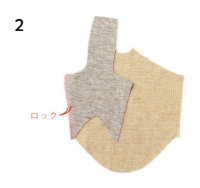

縫い代1cmでロックミシンで縫い合わせます。反対側も同様に縫い合わせます。

STEP 3. 袖を縫い合わせる

1

左右の袖を間違えないように注意しながら袖と身頃を中表に重ね、まち針でとめます。

2

袖ぐりを縫い代1cmでロックミシンで縫い合わせます。

STEP 4. 首リブを作り、縫い合わせる

1
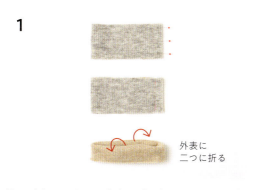

首リブを図のように中表で「わ」になるように折り、端から1cmのところを縫い合わせ、縫い代を割って、外表に二つに折ります。

2

首リブの縫い合わせ線を、身頃のどちらか一方の肩線に合わせ、均等にまち針でとめます。

3

1cmの縫い代でロックミシンで縫います。

STEP 5. 裾を縫う

1

裾の縫い代2cmを三つ折りしてアイロンで型をつけ、まち針でとめます。

2

裾の端から0.8cmほどのところをステッチします。

FINISH!

BACK
背面

SIDE
側面

VARIATION

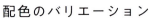

配色のバリエーション

プリント柄と黄色の組み合わせで元気一杯なイメージに。ジャガード柄で北欧スタイルにチャレンジするのも楽しいです。

C ラグランTシャツ の基本をマスターしたら
次はアレンジに挑戦！

Intermediate
- 中級 -

基本の形が作れるようになったらアレンジに挑戦しましょう。
袖ぐりにテープを挟んだり、ラグラン袖の特長を活かしたデザインを考えてみましょう。
ボーダーなどは柄合わせにもチャレンジ！

[アレンジ 1]

[アレンジ 2]

[アレンジ 3]

Advanced
- 上級 -

撥水生地、レース生地など難易度の高い生地にも挑戦。
タンクトップやTシャツで掲載したアレンジ法を応用してみましょう。

[アレンジ 4]

[アレンジ 5]

[アレンジ 6]

RAGLAN

Intermediate
- 中級 -

基本の形が作れるようになったらアレンジに挑戦しましょう。
袖ぐりにテープを挟んだり、ラグラン袖の
デザインを活かしたデザインを考えてみましょう。
ボーダーなどは柄合わせにもチャレンジ！
技術面では袖口、裾が伸びないように縫えるように目指しましょう。
デザインが決まったら作る手順を考えて製作ノートに記録していきましょう。

How to make » p.73

中級
C ラグランTシャツ　アレンジ1　アップリケやスタッズをつける

Photo » p.12、72
（裁ち方図はp.74参照。用尺は130cm幅×50cmで）

BACK

SIDE

STEP 1. アップリケをつける

1

後ろ身頃をカットします。

2

飾りを縫いつけるところの裏に接着芯を貼ります。

3

余り布を好みの形に切って、ジグザグミシンで縫いつけます。

※布は周囲をジグザグミシンします。

4

フェルト生地も好みの形に切って配置し、手縫いで縫いつけます。

※フェルトは端がほつれないのでジグザグミシンは必要ありません。

STEP 2. スタッズをつける

1

ホットデコペンなどを使って、アイロン接着のスタッズを貼りつけます。

※裏からもしっかりアイロンしましょう。

2

スタッズをバランスよく配置します。

※最後に裏の接着芯をはずします。

ARRANGE アレンジ2

スタッズで簡単アレンジ

スタッズを襟ぐりや裾にならべるだけでも、雰囲気が変わります。

熱で接着するタイプのスタッズは、ホットデコペンで簡単に接着できます。

中級 C ラグランTシャツ　アレンジ3　レースコードをつける

Photo » p.13

BACK　SIDE

STEP 1. 袖口にデザインテープをつける

1

袖をカットし、袖口を三つ折りして縫います。飾り用のデザインテープを用意します。

2

袖口の縁から0.3cmのところに、チロリアンテープを縫いつけます。

STEP 2. 袖ぐりにレースコードを挟んで縫う

1

袖の前身頃側と後ろ身頃側の表の縫い代にレースコードを仮縫いします。

2

前身頃と後ろ身頃の脇を縫い合わせてから、袖と中表に合わせて、縫い代1cmで縫い合わせます。

3

片側の袖がつきました。両袖がついたら、縫い代を袖側に倒して首リブをつけます（p.69参照）。

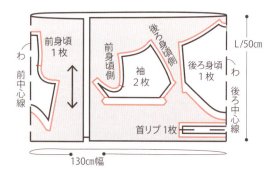

↓ニット生地A…裏毛ニット

前身頃 1枚／前中心線／わ／前身頃側／後ろ身頃側／袖 2枚／後ろ身頃 1枚／後ろ中心線／わ／首リブ 1枚／L/50cm／130cm幅

[アレンジ3]

Data/イタリアン・グレーハウンド
（Photo：p.13）

オス　7歳9か月
胴まわり…47.5cm
首まわり…24.5cm
着丈…43cm
体重…7.8kg
型紙…L

補正のポイント
なし

Let's take a walk!

RAGLAN

Advanced
- 上級 -

基本のタンクトップ、Tシャツ、
ラグランTシャツの集大成！
撥水生地、レース生地など難易度の高い
生地にも挑戦してみて。
製作ノート、デザインネタ帳を活用できてきたら、
次は自分のテイストを決めていきましょう。
そのためにはイメージボードを作るのがおすすめ。
自分のお気に入りのイメージ（インテリアや
ファッションフォトなど）を
たくさん集めてみましょう。
そこから本当に好きなものを厳選していきます。

How to make » p.76

Rainy day

| 上級 | C ラグランTシャツ | アレンジ4 **撥水生地でレインコートに**

Photo » p.75

BACK　　　SIDE

STEP 1. 用意するもの

撥水する生地、フード裏地のメッシュ生地、ミシン目を塞ぐためのシーリングテープを用意します。

STEP 2. シーリングテープの貼り方

でき上がった服の縫い代を割り、シーリングテープをのせて当て布をして、アイロンで接着します。
※撥水生地は低温でアイロンしましょう。

STEP 3. フードの裏地にメッシュ

フードの裏地にメッシュ地を使うと、すべりやすくなるので快適に過ごせます（フードのつけ方はp.64参照）。

STEP 4. 文字飾り

撥水用アイロン転写シートを使い、アイロンで接着させます。
※アイロン転写シートは、冷めてからゆっくりはがしましょう。

背中の文字が写りました。

上級 C ラグランTシャツ　アレンジ5 # 後ろヨークの切り替え

BACK

SIDE

切り替えの入れ方

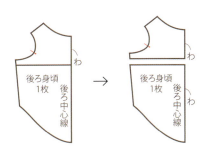

型紙の切り替えを入れたい部分に線を引き、切り離します。

1

後ろヨーク、後ろ身頃は縫い代1cmをつけてカットする。

2

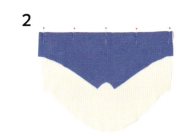

中表に合わせてまち針でとめます。

3

縫い代1cmでロックミシンで縫います。

Tシャツの切り替えも要領は同じ

Tシャツの後ろヨークの切り替えも同様です。後ろヨークと後ろ身頃の縫い代をそれぞれ1cmとってください。

> 上級

C ラグランTシャツ アレンジ6 **レース地とフリルのお洋服**

BACK

SIDE

STEP 1. フリルを作る　※p.63参照

STEP 2. 後ろ身頃はレースを重ねる

後ろ身頃と同じ型紙でレース地でも後ろ身頃を作っておき、重ねて制作します。前身頃はニット地のみ、袖はレース地のみです。
袖用フリルはギャザーを寄せ、Tシャツの袖フリルと同様に袖と身頃に挟んで縫います（p.62参照）。

フリルは手縫いで身頃にとめておきます。

STEP 3. 裾フリルは2枚重ねる

裾のフリルは幅広と幅狭の2枚重ねます。
Tシャツの裾フリルと同様につけます（p.63参照）。

[アレンジ 4]

↓ニット生地A…撥水ニット
←袖…撥水ニット

Data/柴犬
（Photo：p.75）
オス　9か月
胴まわり…59cm
首まわり…49cm
着丈…39cm
体重…12kg
型紙…3L

補正のポイント
首まわりを11cm大きく。着丈を11cm短く。

←フード…撥水ニット
フード裏地…メッシュニット

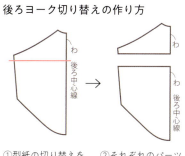

[アレンジ 5]

↓ニット生地A…フライスニット
↓ニット生地B…フライスニット

後ろヨーク切り替えの作り方

①型紙の切り替えを入れたい部分に線を引きます。
②それぞれのパーツを紙に写します。

※Sサイズでの用尺です。他のサイズについては、p.67のでき上がりサイズ表の用尺を参考にしてください。

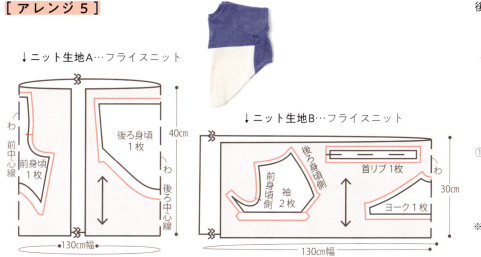

[アレンジ 6]

↓ニット生地A…フライスニット
↓ニット生地B…レース

※後ろ身頃はレース地とニット地2枚重ねて使用。そうすることで、ワンちゃんの毛が表に出てくるのを防いでいます。
※袖のレースは2/3の長さで切ります。

※Sサイズでの用尺です。他のサイズについては、p.67のでき上がりサイズ表の用尺を参考にしてください。

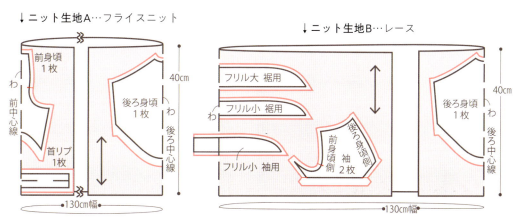

武田斗環

大阪生まれ。ニュージーランド国立ビクトリア大学卒。ペット用品メーカーのアパレル担当経験後、友人たちと犬服ブランドを立ち上げる。2009年に犬服型紙ショップmilla millaを立ち上げ、独自で簡単に自宅で手作りできる犬服型紙と作り方を研究、開発。またmilla millaの型紙を使い100以上のブランドが誕生する。2014年に日本ペット服手作り協会を立ち上げ、講師の育成に尽力。著書に『自分で作れる犬の服』(宝島社)、『かんたん手作り！ドッグウェアと便利グッズ改定版』(ブティック社)などがある。

HP：https://www.millamilla.jp/

一般社団法人日本ペット服手作り協会®（JPHA）

JPHAは先生方と共に、必要な時にペットが必要な服を手に入れられる社会の実現を目指すことで、手作りでペットと人のより豊かな社会を実現します。協会では、手作りペット服の技術の普及のため、全国で手作りペット服教室を開催できる認定講師を養成し、講師の方々のスキルの習得、教室運営サポート、相互に助け合えるコミュニティ作りを通し、講師の方々がイキイキと楽しんで好きを仕事にするお手伝いをし、講師を通し、ペットのために手作りしたい方を応援する活動をしています。

HP：https://petwear.or.jp/

制作協力
西出悟子　加藤純子　山口和美　藤原弘美　白石雅子　西村久美子
上村陽子　村田悦子　知野真奈美　石山栄江　まひろん　藤本やえこ
木下直子　松永真也子　沢照美　滝口まさよ　南明子　山口佳
奥冨景子　河井亜紀　神坂ゆみ　小泉泉　佐藤淳子　新美紀子
保地佐弓　村田雅子

ブックデザイン　眞柄花穂（Yoshi-des.）
撮　影　蜂巣文香
プロセス撮影　本間伸彦
イラスト　そで山かほ子
トレース　松尾容巳子（Mondo Yumico）
編　集　大野雅代（クリエイトONO）
進　行　打木歩

モデル犬
ゴールデン・レトリーバー　那智（なち）
ポメラニアン　クー
スタンダード・プードル　お団子くん
トイ・プードル　ニコル
チワワ　Luna（ルナ）
ミニチュア・シュナウザー　Murua（ムルーア）
コーギー　ソラ
イタリアン・グレーハウンド　コメリ
柴犬　福三郎
ミニチュア・ダックスフンド　風太
フレンチ・ブルドッグ　とろろ

[ご協力いただいた会社]

mocamocha
http://www.mocamocha.com/
TEL：06-6586-5577

日本紐釦貿易株式会社
〒541-0058　大阪市中央区南久宝寺町1丁目9番7号
TEL06-6271-7087　FAX06-6271-0059
http://www.nippon-chuko.co.jp/

Basic PLUS＋　ベーシックプラス
http://basicplus.shop
info@basicplus.shop

slowboat
https://slowboat.info/

ニット生地の「やまのこ」
https://www.rakuten.co.jp/knit-yamanokko/
https://store.shopping.yahoo.co.jp/knit-yamanokko/
お問合せＴＥＬ：0853-27-9216

[読者の皆様へ]
本書の内容に関するお問い合わせは、
お手紙または
FAX（03-5360-8047）
メール（info@TG-NET.co.jp）
にて承ります。
恐縮ですが、電話でのお問い合わせはご遠慮ください。
『いちばんやさしい 手作りわんこ服』編集部

＊本書に掲載している作品の複製・販売はご遠慮ください。

いちばんやさしい 手作りわんこ服

2018年11月15日 初版第1刷発行
2021年3月20日 初版第5刷発行

著　者　一般社団法人　日本ペット服手作り協会®　武田斗環
発行者　廣瀬和二
発行所　株式会社日東書院本社
　　　　〒160-0022 東京都新宿区新宿2丁目15番14号 辰巳ビル
　　　　TEL 03-5360-7522（代表）　FAX 03-5360-8951（販売部）
　　　　振替 00180-0-705733
　　　　URL http://www.TG-NET.co.jp
印刷所　三共グラフィック株式会社
製本所　株式会社セイコーバインダリー

本書の無断複写複製（コピー）は、著作権法上での例外を除き、
著作者、出版社の権利侵害となります。
乱丁・落丁はお取り替えいたします。小社販売部までご連絡ください。

©TOWA TAKEDA2018,Printed in Japan
ISBN 978-4-528-02205-8 C2077